BEI GRIN MACHT SICH IHR WISSEN BEZAHLT

- Wir veröffentlichen Ihre Hausarbeit, Bachelor- und Masterarbeit

- Ihr eigenes eBook und Buch - weltweit in allen wichtigen Shops

- Verdienen Sie an jedem Verkauf

Jetzt bei www.GRIN.com hochladen und kostenlos publizieren

Bibliografische Information der Deutschen Nationalbibliothek:

Die Deutsche Bibliothek verzeichnet diese Publikation in der Deutschen National-
bibliografie; detaillierte bibliografische Daten sind im Internet über http://dnb.d-
nb.de/ abrufbar.

Impressum:

Copyright © 2015 GRIN Verlag, Open Publishing GmbH
Druck und Bindung: Books on Demand GmbH, Norderstedt Germany
ISBN: 9783668277236

Dieses Buch bei GRIN:

http://www.grin.com/de/e-book/338210/bauarten-von-komparatoren-in-der-mess-
technik

Winnie Faust

Bauarten von Komparatoren in der Messtechnik

GRIN Verlag

1. <u>Einleitung</u>

Die Erfassung sowie die Weiterverarbeitung von Messdaten sind heutzutage kaum noch ohne Verbindung zu einem Computersystem denkbar und werden meist in einem einzigen Prozess zusammengefasst. Dieses ganzheitliche Verfahren beinhaltet die „Planung der Messaufgaben, die Realisierung von Ablaufsteuerungen, die Überwachung von Prozessen, die Steuerung von Prüfständen oder die statistische Analyse von Rohdaten" (BER 14, S. 29) und strebt integrierte Lösungen an. Bei der Messung werden Signale, oder eben Messgrößen, über Sensoren erfasst und in Ströme oder Spannungen umgesetzt. Mit dem A/D-Wandler werden diese anschließend für den Rechner konditioniert. Abbildung 1 zeigt den Weg von der Messung und Wandlung bis zur Anzeige auf dem PC-Bildschirm (Vgl. BER 14, S. 29 f.):

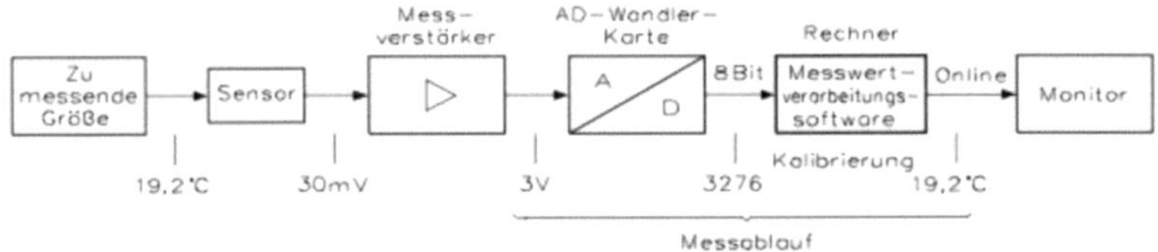

Abb.1

AD-Umsetzer, kurz für Analog/Digital-Wandler, sind essenzielle Komponenten in der elektronischen Messtechnik. Sie vereinen „die Welt der analogen Messgrößen, Sensoren und Verstärker mit der digitalen Welt der Rechner" (SCH 12, S. 304). Die Eingangssignale der A/D-Umsetzer sind amplitudenanalog, die Ausgangssignale jedoch sind zeit- und wertdiskret, also digital. Die Wandler lassen sich grundsätzlich in zwei große Gruppen unterteilen: Bei den direkt vergleichenden Umsetzer werden Spannungen lediglich verglichen, bei den indirekten werden umzusetzenden Spannungen in Frequenzen oder Zeitintervalle umgewandelt und anschließend gemessen. Bei ersteren, also den direkt Vergleichen, darf sich während der Umwandlung der Messwert nicht ändern. Stattdessen wird er in einem Abtast- und Halteglied gespeichert. (Vgl. SCH 12, S. 304)

2

2. <u>Was ist ein Komparator</u>

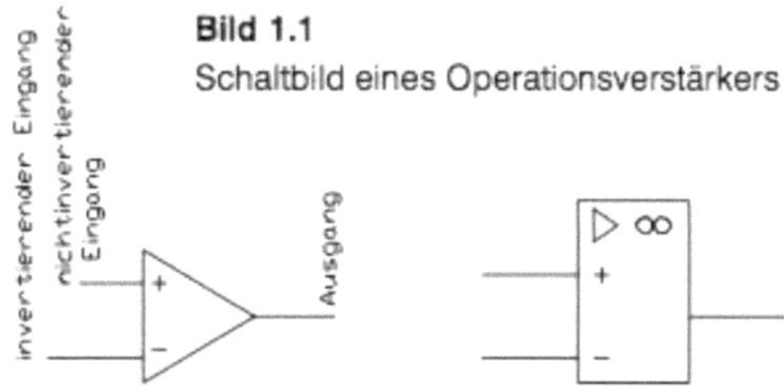

Bild 1.1
Schaltbild eines Operationsverstärkers

Abb. 2: altes und neues Schaltzeichen.

Der technische Bezeichnung für Komparatoren leitet sich vom lateinischen Wort "comparare" ab und bedeutet "vergleichen". Ein Komparator vergleicht folglich die Eingangsspannung mit einer Referenzspannung (Vgl. LIN 11, S. 85) beziehungsweise zwei Signalpegel an den Eingängen miteinander.

Es handelt sich beim Komparator um einen Differenzverstärker, dessen Ausgang als Schaltstufe verwendet wird. Ein typischer Komparator besitzt fünf Anschlüssen, nämlich zwei Eingänge, zwei Anschlüsse für die Versorgungsspannung und einen Ausgang. Die Versorgungsspannungsanschlüsse werden jedoch in den meisten Schaltplänen nicht eingezeichnet. (Vgl. www.controllersandpcs.de)

Als 1-Bit-AD-Umsetzer ist der „Vergleicher" ein Grundelement der Analog/Digital-Wandlung und wird für die Vorzeichenvorgabe sowie Kippaschaltungen benötigt. (Vgl. LIN 11, S. 87)

Grundsätzlich unterscheidet man invertierende und nichtinvertierende Komparatoren. Ein invertierender Komparator ist ein Glied innerhalb einer Funktion mit einem analogen Signaleingang und einem zweiwertigem Signalausgang. Steigt nun der Wert der Eingangsspannung über den innerhalb der Schaltung festgelegten Schwellenwert, so muss die Ausgangsspannung auf einen Low-Pegel von beispielsweise -10 V herabsinken. Fällt jedoch die Eingangsspannung unter den zuvor festgelegten Schwellenwert ab, dann muss der Wert der Ausgangsspannung auf den High-Pegel, zum Beispiel + 10 V, ansteigen. (Vgl. ZAS 02, S. 105) Werden also die Eingangssignale vertauscht, kehrt sich das Schaltverhalten um. (Vgl. www.controllersandpcs.de)

Bei einem nichtinvertierenden Komparator läuft das Schaltverhalten gerade entgegengesetzt wie beschrieben ab.

Komparatorschaltungen werden folglich gerne zur „Grenzwertüberwachung in der

Messtechnik" (ZAS 02, S. 105) eingesetzt oder auch als allgemeine Bereichsmelder verwendet. (Vgl. ZAS 02, S. 105)

Die Ausgangsschaltung von Komparatoren findet, wie bereits erwähnt, häufig in der Schaltung seine Anwendung. Der Komperator wird daher auch als Schwellenwertschalter oder Trigger bezeichnet. Die anschließende Schaltzeit, oder auch Propagation Delay, soll möglichst kurz sein und liegt ungefähr bei 0,1 ns. Da in der Nähe der Schaltwellen oft Schwankungen auftreten und es infolge dessen zu Fehlimpulsen im Bereich der Ausgangsspannung kommen kann, hat der Komparator oft eine sogenannte Schalthysterese. (Vgl. LIN 11, S. 86)

Ein Komparator ist grundsätzlich eine Schaltung mit Operationsverstärker. Operationsverstärker sind als Komparatoren im niedrigen Frequenzbereich geeignet und besitzt die Eigenschaft von Kippschaltungen. Beim Über- und Unterschreiten einer Referenzspannung, nehmen sie dann die bestimmten Spannungswerte am Ausgang an. Die Spannungswerte sind prinzipiell durch die Betriebsspannung vorgegeben. Durch die Referenzspannung, die an den positiven Eingang gelegt wird, wird die Ausgangsspannung invertiert.

Handelt es sich um höhere Frequenzen, kommt der Komparator zum Einsatz. (Vgl. www.elektronik-kompendium.de) Der Komparator hat einen Ausgang und zwei Eingänge, von denen einer invertierend und einer nichtinvertierend ist. Es wird stets ein Differenzverstärker als Eingangsschaltung verwendet, der bereits auf sehr geringe Spannungsunterschiede reagiert. (Vgl. www.hardware-aktuell.de)

3. <u>Arten von Komparatoren und ihre Funktionsweisen</u>

Komparatoren können analog, digital oder als Analog-Digital-Umsetzer fungieren und stellen vielseitige Bauelemente dar. Ihre Grundfunktion ist der Vergleich zweier Spannungen oder einer Spannung mit einer stabilen Referenzspannung. Verwendet wird der Komparator beispielsweise als Spannungsumsetzer, zur Sinus-Rechteckwandlung, als Fensterdiskriminator zur Tatrückgewinnung, als Radsensor in KFZ-Elektronik, zur Kopfhörererkennung in portablen Geräten oder in Radarsystemen. (Vgl. www.all-electronics.de)

3.1 Analoge Komparatoren

Analoge Komparatoren dienen dem Vergleich zweier Spannungswerte miteinander, dessen Ergebnis ist ein binäres Signal ist. Wird ein Standard-Operationsverstärker eingesetzt, wird Ausgangsspannung gegebenenfalls in die negative oder positive Sättigung geschaltet. (Vgl. HOF 04, S. 413)

3.1.1 Komparatoren als analoge Verstärker – Der nichtinvertierende Verstärker

Klassische Komparatoren und Operationsverstärker besitzen beide jeweils einen Differenzverstärkereingang und können meist beide uni- oder bipolar versorgt werden, doch die Ausgangsbeschaltung ist unterschiedlich. Für Komparatoren typisch ist der Open-Collector-Ausgang, bei Operationsverstärkern hingegen sind dies Gegentaktstufen. Während der Phasengang in Operationsverstärkern in den meisten Fällen frequenzkompensiert und somit stets eine Mit-oder Gegenkopplungsschaltung möglich ist, ist der Phasengang eines Komparators nicht für die analoge Verstärkung gedacht. Wählt man aber beispielsweise einen Impendanzwandler als einfache Schaltung für den nichtinvertierenden Verstärker, stellt sich durch die Gegenkopplung auf den – Input die Ausgangsspannung auf die Höhe der Eingangsspannung ein. Durch den Open-Collector-Ausgang erfährt der Komparator noch den Pull-up-Widerstand. (Vgl. FED 10, S. 258 f.)

3.1.2 Der invertierende Analogverstärker

Die Funktionsweise des invertierenden Analogverstärkers erklärt sich folgendermaßen: Liegt am Eingang des Verstärkers eine positive Spannung, wird die Ausgangsspannung negativ. Die Spannung, die über den Widerstand auf den invertierenden Eingang des Operationsverstärkers zurückgeführt wird, ist um 180° phasenverschoben. Die positive Spannung am invertierenden Eingang des Ops wir durch die negativ zurückgeleitete Ausgangsspannung in ihrer Wirkung geschwächt. Folglich wird die Differenzspannung quasi Null. (Vgl. FED 10, S. 6)

3.2 Digitale Komparatoren

Ein digitaler Komparator vergleicht zwei binäre Ausrücke A und B miteinander und gibt an, ob A < B, A > B oder A = B ist, wobei die Gleichheit von binären Ausdrücken leicht feststellbar ist: der Inhalt der beiden Ausdrücke muss mit demjenigen jedes einzelnen Bits übereinstimmen. Festzustellen, ob ein Ausdruck A kleiner oder größer als B ist, gestaltet sich schon schwieriger. Hierbei kommt es auf den verwendeten Code an. Eine Beurteilung, ob A < B oder A > B ist, kann nur dann stattfinden, wenn der Komparator auch für den speziellen Code gebaut ist, in dem die beiden Ausdrücke A und B kodiert sind. Übliche Komparatoren sind den sogenannten BCD-Code beziehungsweise für das duale Zahlensystem konstruiert.

Die einfachste Möglichkeit für einen digitalen Komparator ist der 1-Bit-Komparator, was bedeutet, dass die beiden zu vergleichenden Ausdrücke A und B jeweils nur 1 Bit haben dürfen. Ein Beispiel zeigt: Hat die die Schaltung drei Ausgänge, ist der Ausgang X = 1, wenn A > B ist. A < B ist Y = 1 und bei A = B erscheint bei Ausgang Z die 1.

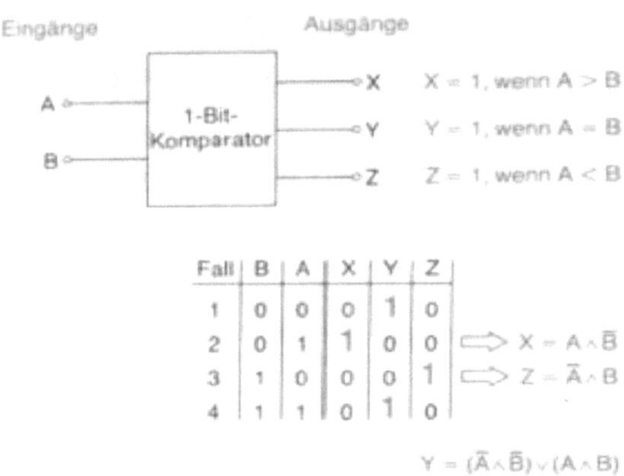

Fall	B	A	X	Y	Z
1	0	0	0	1	0
2	0	1	1	0	0
3	1	0	0	0	1
4	1	1	0	1	0

$$X = A \wedge \bar{B}$$
$$Z = \bar{A} \wedge B$$
$$Y = (\bar{A} \wedge \bar{B}) \vee (A \wedge B)$$

Abb. 3: 1-Bit-Komparator mit Wahrheitstabelle

Ein 3-Bit-Komparator vergleicht folglich 3-Bit-Ausdrücke miteinander. Auch ein 4-Bit-Komparator ist ähnlich aufgebaut, nur das hier ein weiterer 1-Bit-Komparator mit sperrbaren Eingängen benötigt wird. Für den Dual-Code werden 4-Bit-Komparatoren als integrierte Schaltungen verwendet.

Der 4-Bit-Komparator „vergleicht zwei binärkodierte 4-Bit-Wörter (Wort A und Wort B)" und unterscheidet diese in den drei oben genannten Aussagen A < B, A > B oder A = B . Der Baustein kann zum Vergleich zweier Wörter mit beliebiger Bitzahl durch seine drei Übertragseingänge erweitert werden. Jedoch erhöht sich für jedes weitere 4-Bit-Wort die Verzögerungszeit. Die typische Durchlaufverzögerung für 4-Bit-Wörter liegt bei 24 ns. (Vgl. BEU 06, S. 383 ff.)

3.3 parallele Komparatoren

Die Verwendung mehrerer parallel geschalteter Komparatoren ermöglicht den Vergleich der zu messenden Spannung mit verschiedenen Referenzwerten und deren Zuordnung in unterschiedliche Spannungsbereiche. Abhängig von der Höhe der zu messenden Spannungsquelle wird entweder keiner der Schwellwerte, werden mehrere oder alle Schwellwerte überschritten. (Vgl. SCH 12, S. 307 f.)

Diese sogenannten Parallelumsetzer bestehen aus „vielen Komparatoren und der entsprechenden Anzahl an Spannungsteilern" (www.itwissen.info). An jeweils einen Eingang der Komparatoren wird die Eingangsspannung gelegt, wobei in den zweiten Eingang jeweils die, aus dem Spannungsteiler abgeleitete, Referenzspannung geleitet wird. Laut einem Beispiel muss bei einem Dual-Code von 3 Bit der Eingangsspannungsbereich in 8 Quantisierungsintervalle aufgeteilt werden, wozu sieben Komparatoren und Spannungsteiler notwendig sind. Durch Codeumwandlung werden die Logikpegel der Komparatoren in die Zahl „3" umcodiert und anschließend in den Binärcode umgewandelt. (Vgl. www.itwissen.info) Um aus dem Komparatorsignal die Spannung als Zahl anzuzeigen, wird dieses in einen einschrittigen Code umgewandelt, wie beispielsweise der „Gray-Code". Die einzelnen Bits des Codes werden in eine Dual- oder Dezimalzahl umcodiert und der in der Mitte des Intervalls liegende Spannungswert ausgegeben. (Vgl. SCH 12, S. 307 f.)

Jede Komparator erhält seine eigene Bezugsspannung über die Widerstandsmatrix. Aufgrund der unmittelbaren Auswirkung der Genauigkeit der Spannungsteiler auf den die D/A-Umsetzung, übersteigt die Auflösung eines Parallelumsetzer (oder auch Flash-Konverter) selten 10 Bit. Da für die Auflösung nur ein Taktimpuls benötigt wird, ist die Wandlungsgeschwindigkeit allerdings sehr hoch. Mit jedem Taktsignal wird die analoge Eingangsspannung in eine digitales Signal mit entsprechender Auflösung umgewandelt, diese ist allerdings abhängig von der Anzahl der Komparatoren. (Vgl. www.itwissen.info)

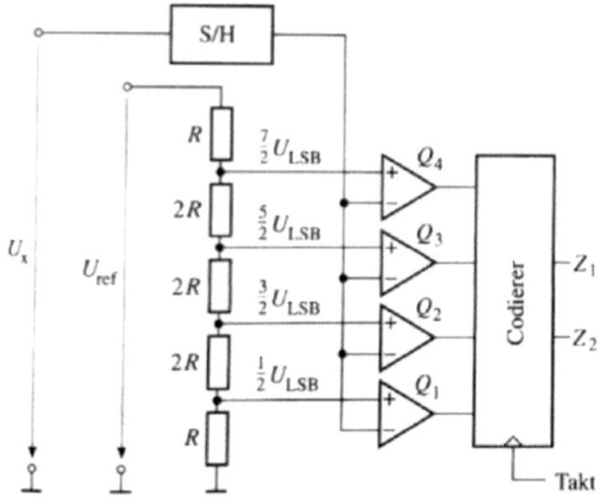

Abb. 4: Parallel-Umsetzer mit 2-Bit Auflösung

3.3.1 Fensterkomparator

Der Fensterkomparator zeigt an, ob sich die Eingangsspannung genau zwischen zwei Referenzspannungen befindet. Zusätzlich vergleichen eben dies zwei einzelne Komparatoren. (Vgl. LIN 11, S. 87)

Den Auflagen für die Referenzspannung muss nachgekommen werden, damit die Umschaltpunkte für das Spannungsdiagramm Gültigkeit haben. Die Berechnung erfolgt durch folgende Formel:

$U_{ref1} \leq U_e \leq U_{ref2}$

Der Fenster- beziehungsweise Window-Komparator entsteht durch die Parallelschaltung zweier Komparatoren. (Vgl. BER 14, S. 96) Aufgrund der Diskriminierung aller anderen Eingangsspannungen wird die Schaltung auch als Fensterdiskriminator bezeichnet. (Vgl. LIN 11, S. 88)

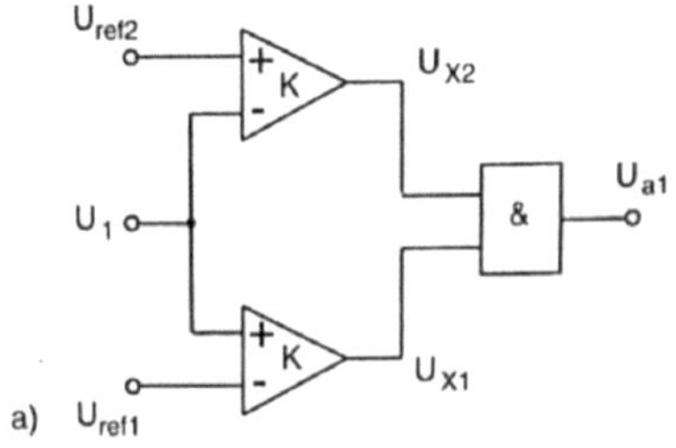

Abb. 5: Fensterkomparator

3.4   Komparatoren mit Hysterese

Die Eingangsspannung, die vom Komparator verglichen wird, sind oft stochastische Einstreuungen oder Oberwellen überlagert. Sind die Eingangsspannung und die Referenzspannung ungefähr gleich groß, wird infolge der überlagerten Störungen die Schaltwelle des Komparators abwechselnd unter- und überschritten. Demzufolge tritt das Signal, welches Steuerkreise oder Stellglieder ansteuert, entsprechend häufiger auf. Dieser Effekt ist unerwünscht und ihm kann durch einen mit einer Hysterese anhaftenden Komparator entgegengewirkt werden. (Vgl. SCH 12, S. 306)

Grundsätzlich unterscheidet man zwei Schaltungen: die invertierende und die nichtinvertierende. Infolge einer Mitkopplung treten ein unterer und ein oberer Schwellwert auf, deren Differenz die Schalthysterese ist. (Vgl. BER 14, S. 106 f.) Der Begriff „Hysterese" bedeutet, aus dem Griechischen übersetzt, „zurückbleiben" und bezeichnet eine Veränderung der Schaltschwelle abhängig vom Ausgangssignal. (Vgl. www.controllersandpcs.de)

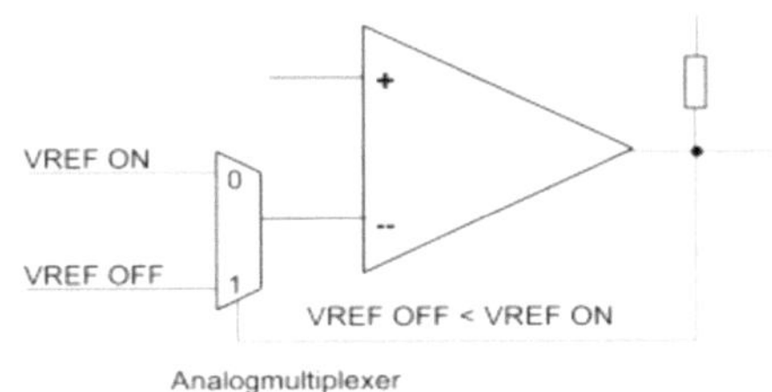

Abb. 6: Komparator mit Hysterese

3.4.1 invertierender Komparator mit Hysterese

Der invertierende Komparator mit Hysterese hebt sich vom Operationsverstärker durch seinen Pull-up-Widerstand ab (Vgl. FED 10, S. 255) und erinnert bezüglich seiner Grundschaltung an den nichtinvertierenden Verstärker. Allerdings sind die beiden Eingänge des Operationsverstärkers hier miteinander vertauscht, sodass aus der Gegenkopplung eine gewünschte Mitkopplung wird. (Vgl. FED 10, S. 63)

3.4.2 nichtinvertierender Komparator mit Hysterese

Auch hier erinnert der nichtinvertierende Komparator an sein Pendant, den invertierenden Verstärker. Die Eingänge des OPs sind wiederum miteinander vertauscht, sodass die Gegenkopplung in der gewünschte Mitkopplung resultiert. Ein positives Eingangssignal steuert als den Operationsverstärker positiv aus. Das positive Ausgangssignal wird an den Eingang zurückgeführt und steigert somit die Spannung. Die anwachsende Spannung am nichtinvertierenden Eingang intensiviert den Spannungsanstieg am Ausgang und der OP erreicht beschleunigt seine positive Aussteuergrenze. (Vgl. FED 10, S. 56)

3.4.3 Komparator ohne Hysterese

Der Komparator ohne Hysterese ist ein offen betätigter Operationsverstärker ohne Beschaltung Rückkopplungszweig. Der Komparator vergleicht, wie immer, eine Eingangsspannung mit der gegebenen Referenzspannung. Sobald die Eingangsspannung die Referenzspannung überschreitet, kippt der OP, abhängig von seiner Beschaltung, entweder in seine positive oder negative Aussteuergrenze. (Vgl. FED 10, S. 53)

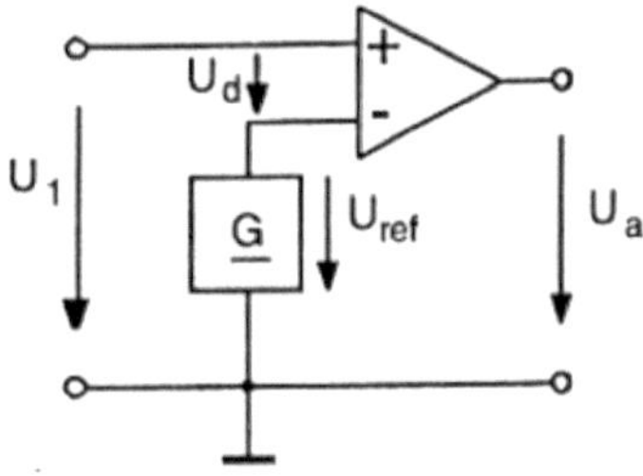

Abb. 7: Komarator ohne Hysterese

3.5   Komparator mit Kippverhalten

Am Eingangssignal finden sich häufig Rausch- oder andere Störsignale. Im Falle das sich die Eingangsspannung in der Nähe des Umschaltpunktes lediglich langsam ändert, können diese Störsignale eine mehrfaches Hin- und Herkippen verursachen. Dieses unbestimmte Verhalten des Komparatorausgangssignals lässt sich durch Rückkopplung des Komparators verhindern.

Fällt die Rückkopplung positiv aus, wird sie als Mitkopplung bezeichnet. Ist diese und die Schleifenverstärkung größer als 1, folgt eine Schaltung mit Kippverhalten. (Vgl. BER 14, S. 105 f.)

3.6 Dreipunktkomparator

Normalerweise benötigt man in der Praxis nur einen Zweipunkt-Komparator. Für spezielle Anwendungen, wie zum Beispiel in der Regelungs- und Steuertechnik, wird allerdings auch manchmal ein Komparator mit 3 Ausgangswerten verwendet. Die Schaltung eines Dreipunkt-Komparators wird erreicht, wenn eine Diodenbrücke in die Gegenkopplungsleitung eingeschaltet wird. Folglich lassen sich mithilfe der Referenzspannungsanschlüssen die Schwellwerte des Komparators bestimmen. Diese

$$S_1 = \frac{R_1}{R_2} \cdot \left(-U_{\text{ref}} + U_{\text{D}} \right) - U_{\text{ref1}}$$

$$S_2 = \frac{R_1}{R_2} \cdot \left(+U_{\text{ref}} + U_{\text{D}} \right) - U_{\text{ref1}}$$

Wert lassen sich aus folgender Formel errechnen:

Abb. 8

Die Schwellwerte sind von den dazugehörigen Referenzspannungen $+U_{\text{ref}}$ und $-U_{\text{ref}}$ abhängig. Hinzu kommt noch die Durchlassungsspannung der Dioden sowie Uref1, also die Referenzspannung, welche parallel zur Eingangsspannung liegt. Zu beachten bei dieser Schaltung ist die notwendige Gleichheit der Werte gemeinsam bezeichneter Widerstände.(Vgl. BER 14, S. 98)

3.7 Komparator mit Schmitt-Trigger (invertierend und nichtinvertierend)

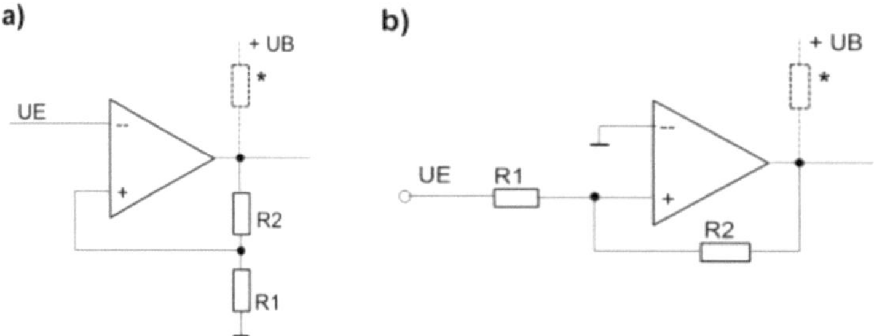

Abb. 9: Schmitt-Trigger a) invertierend b) nichtinvertierend

Schmitt-Trigger sind bistabile Kippschaltungen mit Hysterese. Das Kippen oder auch das Rückkippen einer invertierenden Schlatung wird durch zwei Schaltwellen bedingt. Beim Überschreiten der ersten Spannungsschwelle schaltet der Ausgang auf U_{min}, wird die Schwelle unterschritten schaltet er auf U_{max}. Die Differenz der beiden Schwellspannungen ist die Hysterese. (Vgl. HOF 04, S. 414) Während ein Komparator nicht zwingend eine Schalthysterese, also eine „Differenzspannung im Eingangsbereich" (ZAS 02, S. 106), benötigt, „wird beim Schmitt-Trigger durch schaltungstechnische Maßnahmen eine Hysterese erzeugt" (BER 14, S. 98). Bezüglich Grundschaltungen des Schmitt-Triggers wird zwischen invertierenden und nichtinvertierenden Betriebsart unterschieden, sowie zwischen gesättigtem und nicht gesättigtem Verhalten. (Vgl. BER 14, S. 98)

Unter dem Triggervorgang versteht man „das zeitlich definierte Auslösen eines Vorgangs" (ZAS 02, S. 107), der automatisch abläuft.

Wird ein Operationsverstärker als Komparator oder Schmitt-Trigger eingesetzt, bedingt dies am Ausgang entweder eine negative oder positive Sättigungsspannung. Bei einer Gegenkopplung erhält der Operationsverstärker die Funktion eines Komparators und bei einer Mitkopplung die Rolle eines Schmitt-Triggers. Beide vergleichen in erster Linie die Eingangsspannung mit einer externen Referenzspannung, in manchen Fällen auch mit der Ausgangsspannung des Operationsverstärkers. (Vgl. BER 14, S. 89)

Den invertierenden Schmitt-Trigger muss nicht mehr nur ein Schwellenwert angegeben werden, sondern zwei verschiedene Werte, die man Einschalt- und Ausschaltpegel nennt. Der Ausschaltpegel muss dabei unterhalb des Einschaltpegels liegen. Ein Beispiel:

Steigt der Wert der Eingangsspannung U_E über den Schwellenwert $U_{E(ein)}$ an, dann soll
die Ausgangsspannung U_A von H-Pegel (+10V) auf L-Pegel (-10 V) umschalten und
gleichzeitig die Schaltschwelle so verschieben, dass die Eingansgspannung U_E nun bis
auf den kleineren Wert $U_{E(aus)}$ zurückgehen muss, um die Ausgangsspannung U_E wieder
von L-Pegel (-10 V) auf H-Pegel (+10 V) zurückzuschalten. (ZAS 02, S. 106)

Der Umschaltvorgang des nichtinvertierenden Schmitt-Triggers wird durch die
Eingangsspannung eingeleitet. Der Potentialvergleich an den Eingängen des
Operationsverstärkers ist hierbei entscheidend. Der Umschaltvorgang erfolgt demgemäß
wenn (Vgl. ZAS 02, S. 109):

$U_P > 0$, wobei die Ausgangsspannung den Wert U_{amax} annimmt,

$U_P < 0$, wobei die Ausgangsspannung den Wert U_{amin} annimmt. (ZAS 02, S. 109)

3.7.1 Präzisions-Schmitt-Trigger

Beim Präzisions-Schmitt-Trigger lässt sich die Hysterese der Schwellwertschaltung exakt
einstellen. Die Schaltung besteht aus zwei Komparatoren und einem RS-Latch. Beide
Grenzen des Hysteresebandes weisen jeweils eine eigene Referenzspannung auf. (Vgl.
www.controllersandpcs.de)

a)

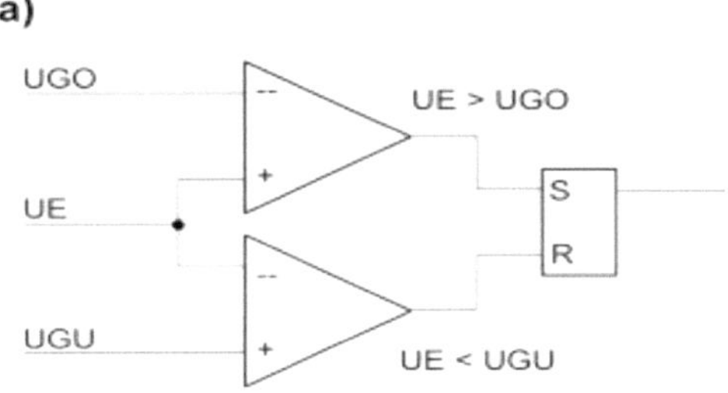

Abb. 10: Präzisions-Schmitt-Trigger

LITERATURVERZEICHNIS:

Becker, Wolf-Jürgen [et al.]: Handbuch elektrische Meßtechnik [sic!]. 2. überarbeitete Auflage, Hüthig Verlag: Heidelberg 2000

Bernstein, Herbert: Messelektronik und Sensoren. Grundlagen der Messtechnik, Sensoren, analoge und digitale Signalverarbeitung. Springer Vieweg: Wiesbaden 2014

Beuth, Klaus [et al.]: Digitaltechnik. 13. Auflage, Vogel Industrie Medien GmbH & Co KG: Würzburg 2006

Federau, Joachim: Operationsverstärker. Lehr- und Arbeitsbuch zu angewandten Grundschaltungen. 5 aktualisierte und erweiterte Auflage, Vieweg+Teubner / GWV Fachverlage GmbH: Wiesbaden 2010

Hoffmann, Jörg: Taschenbuch der Messtechnik. 4. Auflage, Fachbuchverlag Leipzig im Carl Hanser Verlag: München 2004

Lindner, Gerhard [et al.]: Physikalische Messtechnik mit Sensoren. 6. Auflage, Oldenbourg Industrieverlag GmbH: München 2011

Schrüfer, Elmar: Elektrische Messtechnik. Messung elektrischer und nichtelektrischer Größen. 10. Auflage, Carl Hanser Verlag: München 2012

Zastrow, Dieter: Elektronik. 6. Auflage, Friedr. Vieweg & Sohn Verlagsgesellschaft mbH, Braunschweig/Wiesbaden 2002

Internetquellen:

Parallelumsetzer: www.itwissen.info
URL: http://www.itwissen.info/definition/lexikon/Parallelumsetzer-parallel-converter.html (14.05.2015)

Der Komparator. Fachartikel von Bob Dobkin und Siegfried W. Best. www.all-electronics.de
URL: http://www.all-electronics.de/texte/anzeigen/42541/Der-Komparator (13.05.2015)

Komparator: Elektronik Kompendium. www.elektronik-kompendium.de
URL: https://www.elektronik-kompendium.de/sites/slt/0311261.htm (14.05.2015)

Operationsverstärker: Hardware Aktuell. www.hardware-aktuell.de
URL: http://www.hardware-aktuell.com/lexikon/Operationsverstärker (14.05.2015)

Lehrarchiv „Komparatoren": www.controllersandpcs.de
URL: http://www.controllersandpcs.de/lehrarchiv/pdfs/elektronik/komparatoren_01.pdf
  (16.05.2015)

ABBILDUNGSVERZEICHNIS